黑洞及类星体

美国世界图书出版公司（World Book, Inc.）著

舒丽苹·译

机械工业出版社
CHINA MACHINE PRESS

浩瀚宇宙中存在着许多奇异的天体，其中，黑洞和类星体无疑更具神秘色彩。黑洞是如此不可思议，连光都无法逃脱它的引力。而类星体则是一个移动速度极快的能量流，它是我们人类能够观测到的最遥远的天体。黑洞和类星体相互依存，天文学家相信，每个类星体都是由巨大的黑洞来提供能量的，而黑洞又需要吞噬类星体释放出的能量。本书会揭开这两种天体神秘的面纱，让读者一睹它们的"真容"。

北京市版权局著作权合同登记　图字：01-2019-2310号。

图书在版编目（CIP）数据

黑洞及类星体 / 美国世界图书出版公司著；舒丽苹译 . —北京：机械工业出版社，2019.7（2024.5 重印）
书名原文：Quasars and Black Holes
ISBN 978-7-111-62980-1

I.①黑… Ⅱ.①美…②舒… Ⅲ.①黑洞 – 普及读物②类星体 – 普及读物 Ⅳ.①P145.8-49 ② P158-49

中国版本图书馆 CIP 数据核字（2019）第 114826 号

机械工业出版社（北京市百万庄大街22号　邮政编码100037）
策划编辑：赵　屹　责任编辑：赵　屹
责任校对：孙丽萍　责任印制：孙　炜
北京利丰雅高长城印刷有限公司印刷
2024年5月第1版第12次印刷
203mm×254mm・4印张・2插页・56千字
标准书号：ISBN 978-7-111-62980-1
定价：49.00元

电话服务　　　　　　　网络服务
客服电话：010-88361066　机 工 官 网：www.cmpbook.com
　　　　　010-88379833　机 工 官 博：weibo.com/cmp1952
　　　　　010-68326294　金 书 网：www.golden-book.com
封底无防伪标均为盗版　机工教育服务网：www.cmpedu.com

目 录

序

作为一名在天文领域从事研究二十余年的天文科研人员而言，很高兴近些年有很多不错的天文学作品出现，我一直关注这些作品，特别是科普作品。在过去的几年当中，也做了一些关于天文领域的科普宣传，很高兴能为天文学的科普事业做些事，如今受机械工业出版社的编辑邀请，为这套天文书写推荐序，我感到十分荣幸。

德国的伟大哲学家康德曾经说过："有两种东西，我对它们的思考越是深沉和持久，它们在我心灵中唤起的惊奇和敬畏就会日新月异，不断增长，这就是我头上的星空和心中的道德定律。"我以前碰到过一个资深的国际知名学术期刊的编辑，他说自己曾经做过统计，90%的小朋友对于两样事物很感兴趣，那就是星空和恐龙。无论对于成人还是孩子，了解星空的奥秘可以说是人类心中最原始的一种愿望。

这是一套包含了天文基本知识介绍并且图文并茂的书籍，从最想了解的宇宙知识到银河、再到恒星以及它们的故事，比如宇宙有多大？宇宙是如何产生的？望远镜可以看多远？什么是暗能量？什么是暗物质？等等。凡是我们通常有的疑问，几乎都可以在这套天文书中找到答案。

回想我自己对天文知识的学习，其实还是蛮不易的。小时候同其他的小朋友一样，对于天文很感兴趣，但是在书籍匮乏和经济落后的西北小镇，几乎没有太多的渠道获取最新的天文知识，听到的时常是各种科学谣言，也就是一些天文学名词外加编造出来的故事，很多时候，这些发生在天体当中的事情被说得玄而又玄。在这种情况下，我对天文学的兴趣还能保留下来，之后还考入南京大学系统学习天文学，现在想来着实不易。看了这套书，我时常在想，如果我能够像现在的孩子一样，在我最想了解星空的时候，拥有一套类似这样的天文书，将是何等幸福和满足，在愿望最强烈的时候得到科学的指引，也许能碰撞出更不一样的火花。愿这套书籍能够在读者最想了解星空的时候，帮助读者解答心中的疑惑，坚定理想，对未来充满希望。

尽管这套书针对的读者对象是青少年，不过对于那些同样对星空充满好奇心的成人而言，这套书也是非常不错的选择，是一套可以用来入门的轻松的天文读物，是可以家庭共享的一套书籍。

好书是良师更是益友，希望读者能够开卷受益。

苟利军
中国科学院国家天文台研究员
中国科学院大学天文学教授
《中国国家天文》杂志执行总编

前言

　　黑洞是一种无限致密、无限黑暗、无限迷人的天体。天文学家约翰·惠勒将黑洞这一天文学名词发扬光大，他曾经说过这样一番话："（黑洞）让我们清楚一点，那就是宇宙空间可以像一张纸那样被压缩成一个极小的点，而时间也可以像一团被吹灭的火焰那样消逝。至于那些曾经被世人奉若经典、神圣不可侵犯、甚至不可置疑的物理学定律……却什么都不是。"黑洞永远无法被人类肉眼所辨识、感知，然而它依然是天文学家研究的最重要目标之一。实际上，黑洞所产生的那种极端强悍的吸引力，不仅仅挑战了我们对于基本物理学的理解和认知，也从根本上挑战了更为广阔的宇宙。

　　海山二（Eta Carinae）是一颗质量达到太阳100~150倍的恒星，同时它也是一颗行将"寿终正寝"并最终有可能转化成为一个黑洞的恒星。目前，这颗"命运已定"的恒星正在释放出大量的尘埃和气体（紫色）。天文学家们认为，海山二这样一颗超大质量的恒星正处于爆炸前的最后阶段，随后它的恒星核将在自身重力的作用下坍缩。

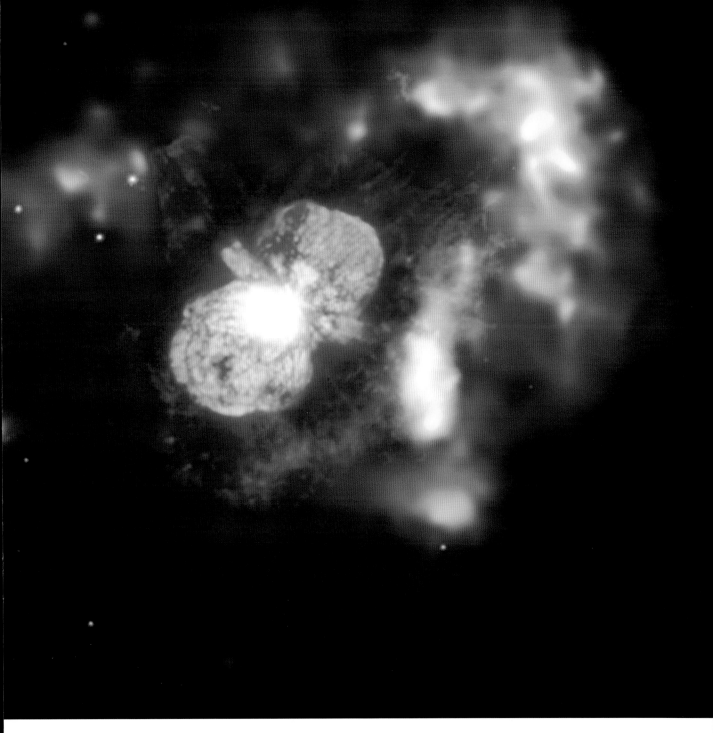

终极陷阱

黑洞无疑是宇宙中最为怪异的天体类型之一。科学家们普遍认为，当一颗超大质量恒星由于自身引力原因而发生坍缩时，就有可能会形成黑洞。在坍缩之后，超大质量恒星将会留下一个非常致密的内核，其质量是太阳的三倍以上。随后，这个核心会继续发生坍缩，并且最终会形成一个不可见但拥有极强引力的中心。在与该中心之间的距离达到某一特定值的时候，任何物质——甚至是包括光在内——都会被其永久性地"捕获"。

在黑洞将物质"拽向"其中心的过程中，物质会被置入一个旋转的巨大旋涡，它始终保持着旋转的运动状态，并且越来越靠近黑洞中心，最终被彻底吸入其中。

早在18世纪末，数学计算便已经得出了这样的一个结论：宇宙中极有可能存在那种虽然体积微小但引力和密度都极大的天体，它们甚至可以捕获光。到了20世纪，关于引力性质的某些研究结果使得很多科学家都逐渐接受了"的确有可能存在这一类天体"的观点。当然，直到1967年，美国物理学家约翰·惠勒方才真正普及、推广了黑洞这个天文学名词。

在钱德拉X射线天文台所拍摄到的一张照片中，一股巨大的气体喷流从半人马座A星系中央区域的一个黑洞中射出。当黑洞使得空间自身发生旋转时，其内部的物质将会被以接近光速的速度从星系中心喷射出来。

黑洞是一个空间区域，在这个特定的区域内，引力场的强度无比强大，任何接近它的物体都会被其捕获，即便是光也不例外。一旦被黑洞吞噬，那么这些物质永远都无法逃逸出来。

美国物理学家约翰·惠勒是第一个将黑洞这一天文学名词发扬光大的人。

你知道吗？

银河系中心存在着一个黑洞[⊖]，根据天文学家们的估计，其直径约为4400万公里。

这是艺术家创作出来的一幅极具艺术感的图片，图中的每一颗恒星都与太阳一般大小，它们正在以每秒钟3.2万公里的速度围绕着一个黑洞进行高速旋转。这个黑洞的直径与水星的公转轨道大小相仿。

⊖ 银河系的黑洞即人马座A*。——编辑注

黑洞是如何形成的？

当某一颗超大质量的恒星爆炸之后，就有可能会形成黑洞。根据著名物理学家阿尔伯特·爱因斯坦提出的广义相对论，当一颗超大质量的恒星耗尽核燃料并且被自身的引力压碎之后，就会形成一个黑洞。只要恒星依然在燃烧燃料，那么这一过程就会产生一个向外的推力，该推力能够平衡恒星自身引力所产生的内向拉力。不过，在所有的燃料都被消耗殆尽之后，该恒星便无法继续承受自身的重量了，结果就是，它的核心会发生坍缩。如果该恒星核心的质量达到太阳质量的3倍或者更多的话，那么核心就会在1秒钟的时间内坍缩成为一个比原子还小的空间。

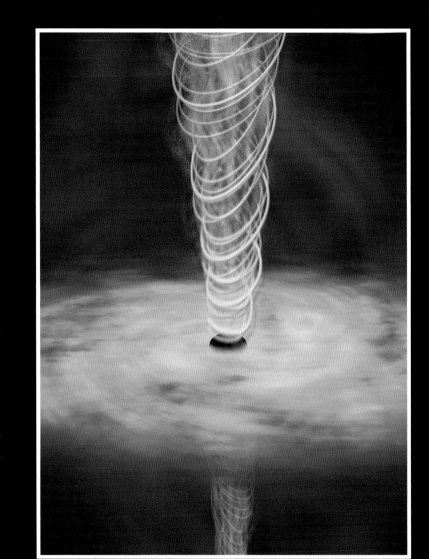

在一幅由艺术家创作的插图中，物质和能量束从位于星系中心位置的黑洞内喷薄而出。当周围由气体、尘埃所构成的浅盘状结构靠近黑洞时，它们的温度会急剧上升，具体表现为盘状结构的颜色会发生显著的改变。

▶ 这是一张由哈勃空间望远镜所拍摄到的照片，画面中海山二喷射出了大量的气体和尘埃。与其他超大质量恒星类似的是，海山二的恒星核也将极有可能被其自身的引力压碎，并且最终转化成为一个黑洞。

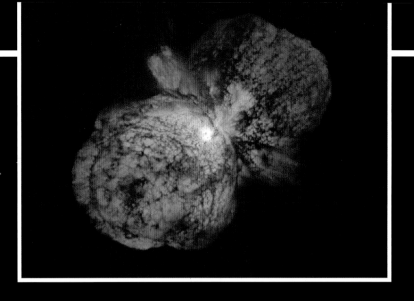

▼ 黑洞将其附近的绝大多数气体都彻底吞噬。尽管如此，依然有些气体会以接近光速的速度被其喷射到太空当中。

▼ 随着时间的推移，这些喷流在黑洞周围的气态环境中形成了巨大的空洞。

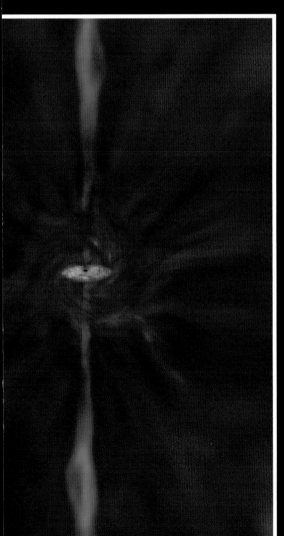

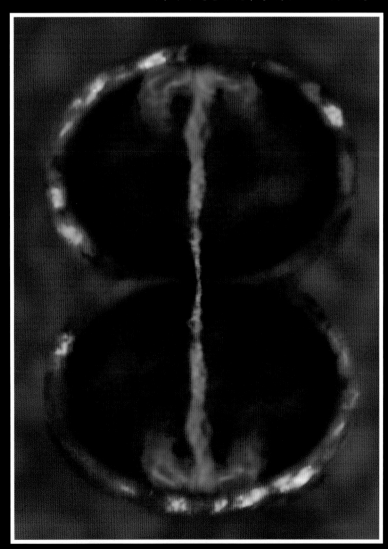

人类是如何知道有黑洞的存在的?

黑洞存在的证据

由于没有任何物质——甚至包括光在内——能够"逃离"黑洞,因此我们根本无法"看到"它。从某种意义上说,黑洞才是真正"黑色"的,没有人能够"看到"它的存在。迄今为止,依然没有人确定无疑地证明过黑洞的存在[注]。当然,科学家从未停止过对于黑洞的研究和探索,为了证明某一个致密的天体是黑洞,研究人员必须观测到那些只有黑洞才能产生的效应。出生于德国的美国物理学家阿尔伯特·爱因斯坦曾预言,黑洞的引力场无比强大,它会产生某些奇妙的效应。举例来说,黑洞能够让光线发生严重的弯曲,并且能够让时间变得极度缓慢。目前,天文学家已经发现了某些带有强烈黑洞特征的致密天体。

当黑洞将气体或者其他物质"拽入"自己的轨道时,该过程会发射出X射线以及无线电波。高水平的天文台能够接收到这些光信号,从而确定该黑洞的具体位置。另外一种寻觅黑洞的方法是观测那些疑似围绕黑洞旋转的恒星的运动特征。如果那些恒星被某种不可见但无比强大的引力场所牵引的话,那么它们极有可能正在靠近黑洞。以这样的方式,科学家们已经找到的证据足以证明,在宇宙中可能存在数十亿个黑洞。

美国物理学家阿尔伯特·爱因斯坦在其相对论中预言了黑洞的存在。这张照片,记录了1931年爱因斯坦在加利福尼亚州的威尔逊山天文台与天文学家查尔斯·圣·约翰讨论自己研究成果时的情景。圣·约翰的绝大多数工作都专注于验证爱因斯坦的广义相对论。

如图所示,钱德拉X射线天文台控制中心的科学家们正在监测天文望远镜收集到的数据。与此同时,他们还需要安排天文望远镜接下来需要观测的目标。

⊖ 2019年4月10日人类历史上首张黑洞照片被公布,证明了爱因斯坦提出的广义相对论。——编辑注

科学家们之所以能够确认"黑洞的确客观存在"这一事实，是因为所有物质都会被黑洞强大无比的引力场"拽入"其中。

引力波

一种被命名为引力波的辐射形式，为黑洞的存在提供了更多的间接证据。引力波是宇宙结构中微小的"涟漪"，这一类辐射形式通常由一些令人难以置信的爆发、爆炸性事件产生。举例来说，黑洞的合并，以及恒星之间的相互碰撞，都有可能会产生引力波。

由于黑洞无法被"看到"，科学家们认为引力波是黑洞产生的唯一信号类型。因此，如果我们能够在两个"无法被看到"的天体之间的碰撞过程中探测到引力波的话，那么这一事实就能够证明那两个天体很有可能就是黑洞。

艾萨克·牛顿天文望远镜位于加纳利群岛，这是一张由该天文望远镜所拍照片制作而成的合成图，图中最为明亮之处是天鹅座X-1，它是人类发现的第一个黑洞。此外，一股猛烈的物质/射电喷流从黑洞中喷射出来，插图中的情形很明确地反映出了这一点

天鹅座X-1

射电喷流

天文望远镜提供的黑洞存在的证据

黑洞真的是"黑色"的，因为即便是光都无法逃离它的引力场，因此天文学家无法直接"看到"它。当然，通过观察黑洞对其附近天体的影响，科学家能够间接地"看到"它。

在寻觅黑洞的过程中，天文学家往往会把他们的注意力集中在某些特定的空间区域内，这些空间区域能够释放出极高的能量。科学家们坚信，某些高能电磁波的来源，正是那些围绕在黑洞周围的气体云。研究人员认为，当气体或者是尘埃达到那个"有去无回"的临界点——事件视界（Event Horizon）——的时候，这些粒子云就会变得异常炽热，并且还会发光。科学家们认为，在那个由尘埃、气体所组成的发光球体的中心位置，就可能存在着一个黑洞。

黑洞的引力场是如此强大，以至于任何靠近它的天体、物质都会被其彻底捕获。而这种强度极大的引力场，也能够给科学家提供某些线索。他们能够据此来判断，某一块黑暗的空间区域到底是真的一无所有，还是存在一个黑洞。通过观察、分析、研究疑似黑洞附近恒星、碎片的运动特征，物理学家可以判断出这些天体、物质是否处于某些强大引力场的作用范围中。简而言之，如果这些天体、物质似乎正在围绕着一片"虚空"进行着有规律的轨道运动的话，那么轨道的中心极有可能就存在着一个黑洞。

不同波长的光能够显示出很多人类肉眼看不见的特征。通过分析、研究收集到的光，科学家们就能获得特定区域、特定环境下的化学物质种类、温度等相关信息。举例来说，右上图便是一张半人马座A星系的照片，它显示了围绕在黑洞中心周围的气体环被加热到数百万摄氏度的情形。从黑洞中喷射出来的射电喷流，在射电望远镜所拍摄到的照片中非常明显。

不同天文望远镜所拍摄到的半人马座A星系的图像。

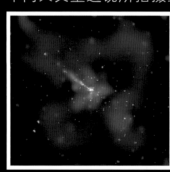

钱德拉X射线空间望远镜

光学空间望远镜

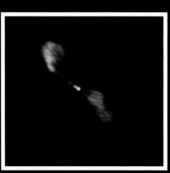

美国国家射电天文台（NRAO）
连续孔径射电望远镜

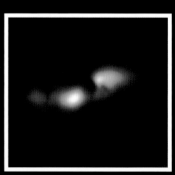

美国国家射电天文台（NRAO）
射电望远镜（21-CM）

▲ 在将多台天文望远镜所拍摄到的半人马座A星系的照片进行合成之后，天文学家们得到了这样一张图片，它揭示出了化学组成、温度等银河系黑洞多个方面的细节信息。

什么是奇点?

重力场的中心

黑洞的引力无比强大，以至于所有进入它的物质都会因承压而坍缩。根据有关黑洞的核心理论，进入黑洞内的物质坍缩之后，会集中到一个单独的点上，这个点便是奇点。奇点比单个原子占用的空间还要小。实际上，某些数学计算的结果甚至表明，奇点根本就不占用任何空间，换言之，它根本就没有体积。然而即便如此，其质量却大得令人难以置信。兼具质量无穷大、体积无穷小这两个属性，也就意味着奇点拥有无穷大的密度。客观地说，这的确是一个很难理解的概念。即便是很多科学工作者也受到了奇点的困扰，因为所有已知的物理学定律似乎都无法应用到奇点上。举例来说，时至今日科学家们依然无法理解，如此之小的一个点，其密度为何会大到这般令人难以置信的程度。

根据德裔美国物理学家阿尔伯特·爱因斯坦提出的广义相对论，时间和空间并非彻底孤立、毫无关联的，该理论将两者视为是一个有机的结合体，并且将其命名为时空。这个有机结合体将时间维度与空间的3个维度（长度、宽度、高度）组合在了一起，因此时空是一个四维的概念。黑洞的引力场是如此强大，以至于它能够扭曲时空。如果某个外部的观察者能够观察到黑洞内部的事件视界的话，那么他会惊讶地发现，在那里甚至连时间都会变慢。

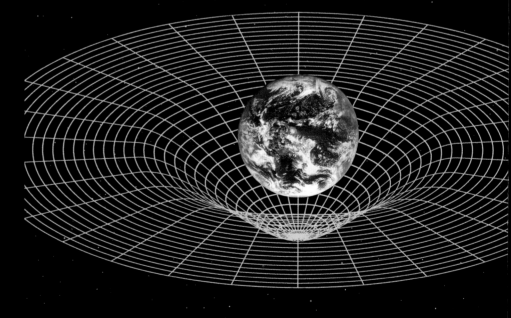

地球扭曲（弯曲）了它周围的时空。这种类型的"弯曲效应"使附近的物体被"拽向"地球；而物体距离地球越近，时空扭曲的程度就越大，物体被"拽向"地球的速度也相应就越快。

奇点是黑洞的中心。所有被"拽入"黑洞的物质，其最终的结局都是变成奇点的一部分。

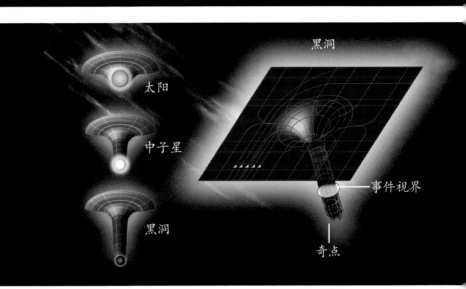

一个物体的质量越大，它对其周围空间的影响也就越大。换句话说，质量较大的物体在时空中能够产生更深的"孔洞"。也正是由于这个原因，黑洞扭曲时空的能力要远胜于太阳。

太阳

中子星

黑洞

黑洞

事件视界

奇点

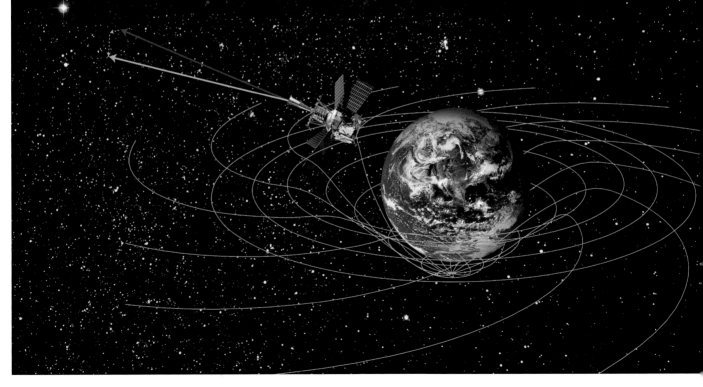

2004年，美国国家航空航天局发射了"引力探测器B"科学探测卫星，它最重要的任务是验证阿尔伯特·爱因斯坦的两种引力理论。爱因斯坦曾经预言称，像地球这样体积庞大的天体能够扭曲其周围的空间和时间。此外爱因斯坦还预言称，像地球这样大的天体，在旋转的同时会影响到时间流逝的快慢。2007年，引力探测器B所得到的测量结果证实了爱因斯坦的这一理论。

"有去无回的临界点"

事件视界是黑洞的外表面,不过值得注意的是,它并非是那种传统意义上的、能够为人所看到、触碰到的那一类型的表面。在事件视界的位置上,黑洞的引力场无比强大,它足以克服、抵消任何其他形式的力。那些试图穿过事件视界的光、物质,都会被黑洞强大无比的引力场所捕获。实际上,任何物质在事件视界上都只能停留极为短暂的一瞬间,随后它们便会以光速冲向奇点。正是由于这个原因,事件视界才会被视为黑洞的边缘或者说边界。

黑洞的质量越大,其事件视界与其奇点的距离就越远。如果是一个超大质量黑洞,那么其事件视界有可能会绵延数十亿公里。

你知道吗?

早在18世纪末,人们就提出了这样一个大胆的假设:如果某个物体的密度足够大的话,那么即便光都无法逃脱它的捕获。

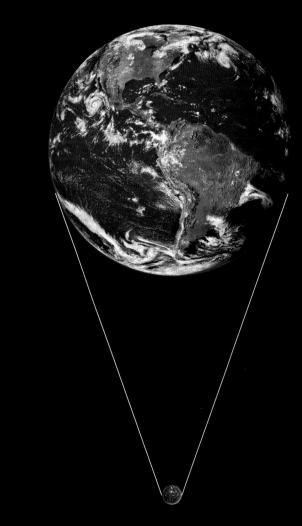

如果地球是一个黑洞

如果一颗质量与地球相仿的恒星最终坍缩成为一个黑洞的话,那么其事件视界的范围将只有一个玻璃球那么大。

所谓事件视界，是指黑洞附近一个特殊的引力场边界。事件视界范围内的任何的物体都无法逃脱黑洞的吸引和吞噬。

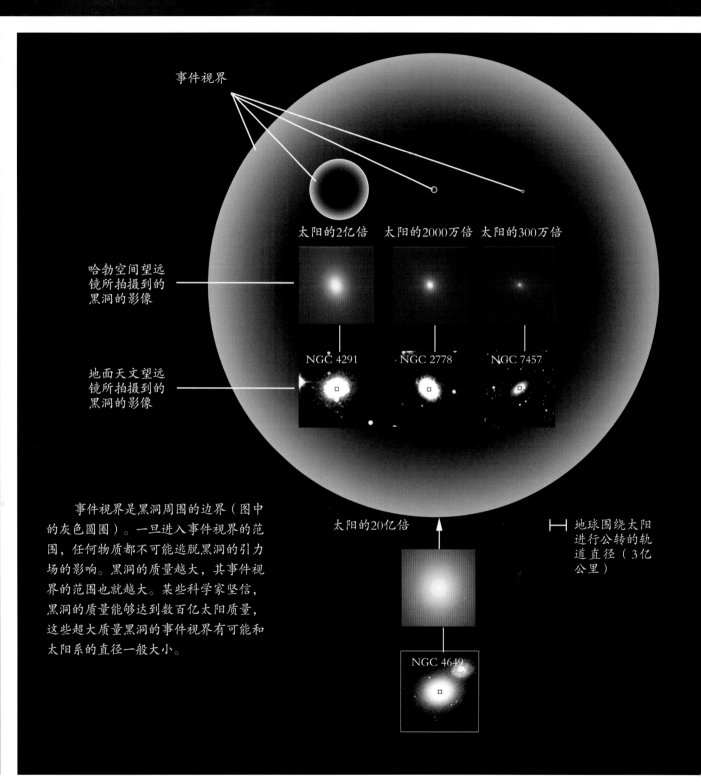

事件视界

太阳的2亿倍　太阳的2000万倍　太阳的300万倍

哈勃空间望远镜所拍摄到的黑洞的影像

地面天文望远镜所拍摄到的黑洞的影像

NGC 4291　　NGC 2778　　NGC 7457

事件视界是黑洞周围的边界（图中的灰色圆圈）。一旦进入事件视界的范围，任何物质都不可能逃脱黑洞的引力场的影响。黑洞的质量越大，其事件视界的范围也就越大。某些科学家坚信，黑洞的质量能够达到数百亿太阳质量，这些超大质量黑洞的事件视界有可能和太阳系的直径一般大小。

太阳的20亿倍

地球围绕太阳进行公转的轨道直径（3亿公里）

NGC 4649

可见的黑洞

在黑洞的超强引力场将所有物质"拽向"自己的过程中会形成一个旋涡状的盘状形态，科学家将其命名为吸积盘。在吸积盘内，所有物质都围绕着黑洞运行，形象地说，它们就像水槽内盘旋冲向排水口的水那样运动。吸积盘距离黑洞很近，黑洞强大的引力场能够轻而易举地作用于吸积盘内的物质。当然，在这个阶段所有物质依然处在吸积盘内，它们都还没有达到"有去无回的临界点"（也即事件视界）。最终，吸积盘内的绝大多数物质会在到达事件视界之后被拉入奇点。

在事件视界附近，黑洞会释放出能量较大的辐射，例如X射线、红外线，而这些辐射也成为天文学家寻觅、观察、研究黑洞的最重要线索。众所周知，没有任何射线能够从事件视界的范围内逃逸出来，因此迄今为止，天文学家只能集中精力研究那些在事件视界范围之外发生的"故事"。

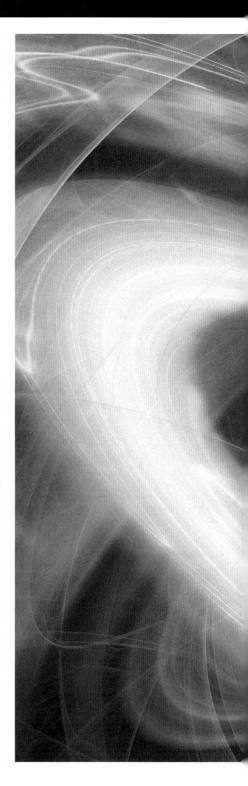

在引力的作用下，水会朝着水槽的排水沟向下旋涡运动，而所有接近黑洞的物质也都会以旋涡运动的方式被吸入其中。尽管如此，实际上这两种运动方式依然是存在着本质上的区别：第一种情形，水的旋涡运动是水槽内所有的水共同运动的结果，在那种情况下，水的向下、旋转是同时发生的；而在第二种情形下，物质可以以任何角度接近黑洞，而黑洞自身的旋转运动则将所有被其"捕获"的物质强行"塑造"成为一个浅碟状圆盘。

在事件视界的范围之外，炽热的气体与其他物质一道，形成了一个旋涡状的圆盘。

这是一幅由艺术家创作的插图。图中因被黑洞"捕获"而进行旋涡运动的物质能够产生X射线喷流，这些喷流被黑洞以极高的速度向外喷射。通过这些X射线信号，天文学家就能够探测、研究神秘的黑洞。

进入黑洞的物质会经历什么？

有去无回的不归路

我们看不到黑洞事件视界范围内的任何东西，因为黑洞之内漆黑一片，即便光都无法逃出它的引力场。即便如此，科学家们还是进行了相当多的理论研究以便搞清楚当物质被彻底吸入黑洞之后，它到底会有怎样的经历。科学家们坚信，在被吸入黑洞之后，所有物质都会紧密地聚集在一起，而后又被彻底压入奇点。可以肯定的是，与进入黑洞之前的形貌相比，在黑洞内先后经历了聚集、压缩的物体形貌特征，都必然会发生翻天覆地的改变。众所周知，黑洞的引力场强度无比强大，因此在进入黑洞之后，所有物体（无论大小）都会发生巨大的改变。最终，这些物体将极有可能被撕裂成为最为细小的物质颗粒，并且变成奇点的一部分。

一步一步走上有去无回的"不归路"

当物质被黑洞吸入其中之后，它们会发出（释放出）紫外光。随着物质与事件视界之间距离的改变，地球上的科学家能够观察到它们所释放出的紫外光强度的变化。

围绕黑洞（1）进行旋转的物体或者物质，其紫外线（UV）显得相对明亮；当物体、物质移动到距离事件视界（2）较远的一侧时，绝大多数紫外线都会被阻挡。

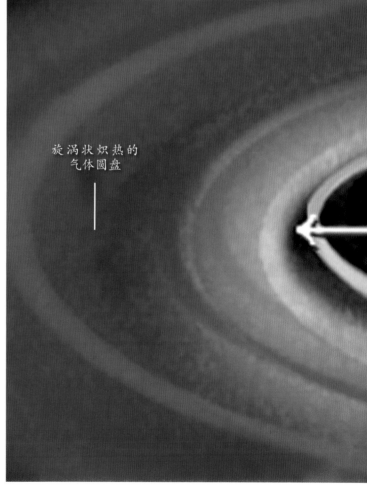

旋涡状炽热的气体圆盘

你知道吗？

科学家们认为，位于银河系中央位置的超大质量黑洞，其质量有可能会达到太阳质量的400万倍。

在物质被吸入黑洞之后，它到底会经历什么？迄今为止，没有人能够给出绝对正确的答案。

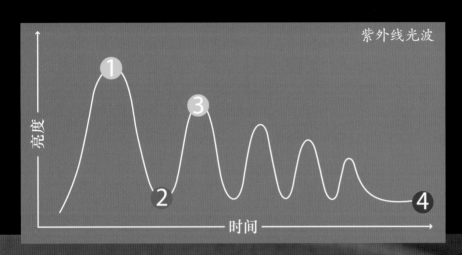

紫外线光波

亮度

时间

当物体、物质重新出现在距离事件视界（3）较近的一侧时，紫外线再次变得明亮起来。不过，由于这个阶段物体、物质距离黑洞比之前更近，因此紫外光的亮度也不如之前（1）明亮。在围绕事件视界（4）继续旋转若干圈之后，物体、物质及其光线就都消失在黑洞当中了。

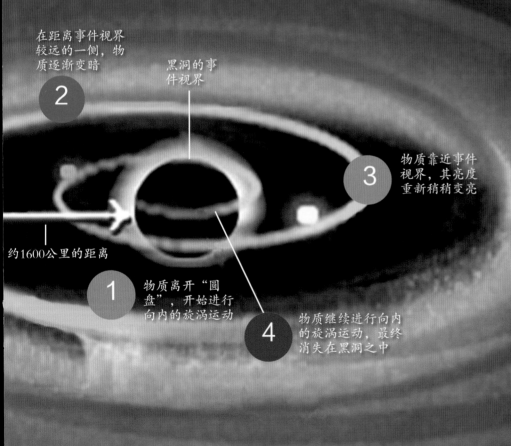

在距离事件视界较远的一侧，物质逐渐变暗

2

黑洞的事件视界

约1600公里的距离

物质靠近事件视界，其亮度重新稍稍变亮

3

1 物质离开"圆盘"，开始进行向内的旋涡运动

4 物质继续进行向内的旋涡运动，最终消失在黑洞之中

黑洞到底有多大？

黑洞的大小由事件视界来决定

黑洞中心位置的奇点是不占用任何体积的，与此同时，它还拥有大到令人难以置信的质量；而奇点的质量，则直接决定了黑洞事件视界范围的大小。德国科学家卡尔·史瓦西（1873—1916）发现了物体质量与其事件视界之间的数学关系，为了纪念、表彰他所取得的这一伟大成就，后人将物体的事件视界半径命名为史瓦西半径，该物理学概念也成为人们用来衡量黑洞大小的标准尺度。

某些黑洞的史瓦西半径只有160公里。而对于那些超大质量的黑洞来说，它们的史瓦西半径可能达到数百万公里，甚至是几十亿公里。那么，几十亿公里到底是一个多大、多远的概念呢？在地球所处的太阳系中，海王星是距离太阳最为遥远的行星，两者之间的平均距离不到45亿公里。也就是说，超大质量的黑洞，其事件视界半径有可能会比海王星的轨道半径还要大。

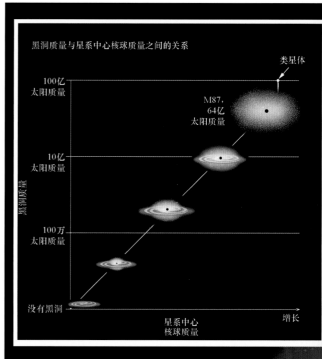

位于星系中心位置的黑洞，其质量与星系中心区域核球的质量直接相关。黑洞周围的物质越多，星系中心核球的质量越大，黑洞的质量体积也就相应越大。

你知道吗？

天文学家们坚信，超大质量恒星海山二将会爆炸并转化为一颗超新星，它甚至能够像人类在地球上所看到的月亮那样明亮。

黑洞的体积大小各异，这直接取决于它本身的质量。

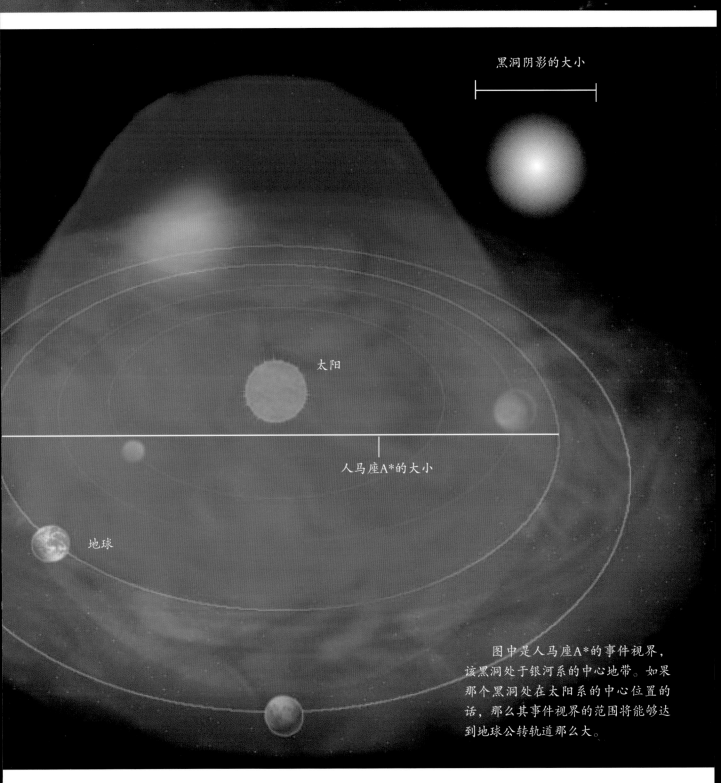

黑洞阴影的大小

太阳

人马座A*的大小

地球

图中是人马座A*的事件视界，
该黑洞处于银河系的中心地带。如果
那个黑洞处在太阳系的中心位置的
话，那么其事件视界的范围将能够达
到地球公转轨道那么大。

活动星系核

自从类星体被人类发现之后，科学家们又发现了这样一个事实，那就是很多星系都从它们的中心向外释放出巨大的电磁能量。当然，各个星系所释放出来的能量类型并非完全相同，比方说，某些星系释放出电磁波，这类星系也就因此而被命名为射电星系；而另外一些星系则是发出X射线……绝大多数这一类星系，都能同时释放出几种不同类型的辐射，这一类星系被称为活动星系，它们的中心则被称为"活动星系核"（Active Galactic Nucleus，缩写为AGN）。天文学家们坚信，黑洞为活动星系核提供能量。在将一些物质"拽入"自身之后，黑洞又会将它们以物质喷流或者辐射的形式重新释放出来，这一现象在浩瀚无垠的宇宙中非常常见。迄今为止，黑洞究竟是如何产生出这些喷流，依然还是科学家们最重视的一个待解之谜。

很多天文学家都认为，活动星系核存在于那些形成于宇宙历史早期的星系当中，与很多成熟星系（例如我们所处的银河系）相比，那些历史更加久远的星系附近，自由漂浮着更多的尘埃和气体。科学

▶ 圆规座星系距离地球大约1300万光年，它是一个活动星系。图中所示的，是在圆规座星系的中心区域，一个黑洞释放出来的辐射将围绕在其周围的气体、尘埃全部加热

家们坚信，那些气体、尘埃有可能将会落入星系中心的黑洞当中，随后它们在黑洞内升温并且释放出无与伦比的电磁能量。

在我们所处的银河系当中，大部分气体、尘埃都最终形成了恒星、行星，因此我们这个星系并不具备足够的"燃料"来给活动星系核提供能量。某些科学家们认为，银河系在其历史早期极有可能是一个活动星系，然而没有人能够对此给出确凿的证据。科学家们发现，有大量物质都在朝着银河系中心的黑洞移动，尽管这些物质在未来数百万年里都无法抵达它们最终的目的地，但可以肯定的是，这一现象会将银河系暂时转变成为一个活动星系。

图中是一个常规的星系，它看起来像一个中间轻微隆起的圆盘，其形貌与我们所处的银河系非常相似。图中显示，该星系中间位置发出来的光，看起来比其他位置发出来的光要稍稍明亮一些。包括银河系在内，这一类星系的星系核，相对而言都不够活跃。

一个拥有活动星系核（AGN）的星系，其中心凸起部分的亮度，能够达到该星系其他部分的很多倍。

某些活动星系的星系核是如此的明亮，以至于其中央凸起区域内的类星体所发出的光，足以掩盖该星系内其他区域所有恒星所发出的光。

什么是超大质量黑洞？

科学家们认为，在绝大多数星系的中心区域都存在着一个超大质量的黑洞。在长达数十亿年的漫长岁月中，这些黑洞极有可能都是通过不断吞噬气体、尘埃而最终形成的。运用哈勃空间望远镜，科学家们已经确定，那些气体以超过每小时150万公里的速度围绕超大质量黑洞进行旋转。

天文学家认为，在我们所处的银河系的中心，就存在一个超大质量黑洞，这个黑洞被称为人马座A*，这是因为人们可以在夜空中的人马座空域"发现"它。在对围绕人马座A*进行高速运转的恒星进行观察、研究之后，科学家们得出如下结论：那些恒星之所以呈现出目前的运动特征，唯一的原因就是它们都受到了来自于黑洞超强引力场的作用和影响。

银河系中心位置上的黑洞，被命名为人马座A*，该黑洞的质量，达到了太阳的400万倍之多。

炽热气体的波瓣

人马座A*

星系平面

炽热气体的波瓣

你知道吗？

如果太阳变成了一个黑洞，且地球与太阳之间的距离保持现状的话，那么该"太阳黑洞"的引力，并不足以将地球拉离其原有的公转轨道。

超大质量黑洞是一个非常巨大的黑洞，这一类黑洞的质量能够达到100万至500亿个太阳那么大。

这是由钱德拉X射线天文台所拍摄到的一张照片，图中那些单个的光点被"捕获"，这极有可能证明，位于星系中央区域存在着一个超大质量黑洞。这些黑洞的质量有可能达到太阳的数十亿倍。

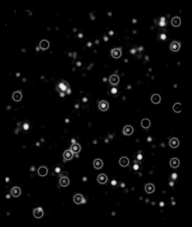

类星体的历史可以追溯到宇宙形成的早期，它们由超大质量黑洞（蓝色光圈）提供能量。2007年，天文学家运用斯皮策空间望远镜所拍摄到的照片已经能够充分证明这一类天体的存在。长期以来，天文学家一直尝试在理论层面上分析、研究类星体，它们通常距离地球非常遥远，这一类天体被发现足以证明，类星体在早期宇宙中要比现如今常见得多。

是否存在不同类型的黑洞？

仙女星系与银河系颇为类似，科学家们认为，在该星系中心位置上存在一个超大质量黑洞。仙女星系距离地球大约250万~300万光年，它是距离银河系最近的大星系。

从物理外观上来分析，黑洞与黑洞之间的唯一区别，仅仅是它们的体积各不相同。

这是一个有关于黑洞大小的问题

的确有一些黑洞明显大于它们的同类，不过看起来所有黑洞都在以相同的方式向外界施加它们的影响力。今时今日，科学家们之所以会以不同的名称来称呼黑洞，在很大程度上是因为黑洞出现的位置各不相同。天文学家们已经达成了共识，绝大多数（如果说"所有"过于武断的话）星系的中心区域都存在一个黑洞，人们将其称为星系核（核心）。某些星系比其他星系要更加活跃，它们的星系核能够释放出更多的能量。在这些活跃星系的极端活跃周期内，其星系核所释放出来的能量比整个星系当中其他恒星、气体、尘埃所释放的能量总和还要多。天文学家将这一类黑洞称为活动星系核（AGN）。至于那些并非处于星系中心区域的黑洞，科学家们则通常只会将它们称为黑洞。

科学家们坚信，在我们所处的银河系内存在着数百万个黑洞。这些黑洞的质量在数倍到数十倍于太阳质量之间。距离地球最近的黑洞在人马座，它距离地球大约1600光年。

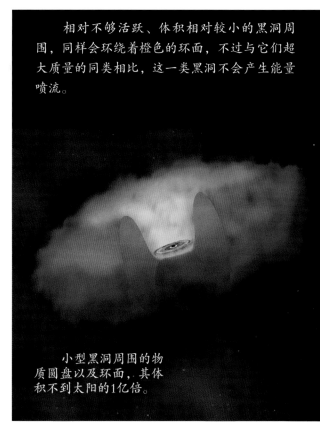

通常情况下，黑洞往往都会被一个由物质组成的圆盘（蓝色、绿色）所包围，在距离相对更远、相对更加靠外的位置上，还会有一个橙色的碎片云（通常被称为环面）。某些巨大的超大质量黑洞能够从其核心（白色）产生出物质/能量的喷流。

相对不够活跃、体积相对较小的黑洞周围，同样会环绕着橙色的环面，不过与它们超大质量的同类相比，这一类黑洞不会产生能量喷流。

最大黑洞周围环绕的物质圆盘以及环面，其体积比太阳大1亿倍以上。

小型黑洞周围的物质圆盘以及环面，其体积不到太阳的1亿倍。

黑洞永远都是成对存在的吗？

黑洞能够与另外一颗恒星组成所谓的双星系统。如一位艺术家创作的这张插图所示，在某些情况下，更大的黑洞能够吞噬它的"伙伴"。

你知道吗？

在双星系统中，并非只有黑洞才能够从伙伴那里"窃取"物质。一些体积小、密度大的天体，例如白矮星、中子星，同样能够做到这一点。以白矮星为例，那些被它"窃取"的物质最终会被积聚起来，并最终引发一次巨大的超新星爆发。

很多黑洞都是双星系统当中的一个组成部分。实际上，双星系统是由两颗恒星组成的，它们都被对方的引力场所吸引，因而会围绕着对方进行运动。

充满饥饿感的伙伴

黑洞通常都是作为双星系统的一部分出现，在这种情况下，一个黑洞往往会与一颗正常的恒星进行近距离的彼此旋转运行。由于黑洞的引力场无比强大，因此它总是能将气体、其他物质从正常的"伙伴"恒星那里"拽"过来，并且以越来越快的速度将这些物质吸向自己的中心。随着时间的延续，黑洞的质量越来越大，而那颗正常恒星的质量则越来越小。在银河系当中，绝大多数已知的黑洞都处于一个双星系统中。

来自于两个超大质量黑洞（插图）的无线电波喷流（上图，粉红色）穿透了Abell 400星系团中的一团超热气体云。这些黑洞正在进行相互的旋涡运动，它们最终会合二为一。

这是一幅由艺术家创作的天文主题插图，它是"斯隆数字巡天"科研项目的一个惊人发现。图中是一个双星系统，两个黑洞围绕着彼此进行运行。以每秒钟6000公里的速度，黑洞围绕该双星系统的质量中心进行高速的运动，大约每100年完成一次公转。在这一双星系统中，较小黑洞的质量约为太阳的20倍，而较大黑洞的质量则能达到太阳的50倍。

太阳最终也会变成一个黑洞吗？

相对平静的结局

我们的太阳是一颗中等大小的恒星，只有质量达到太阳11倍的超大恒星才有可能最终变成黑洞。这是因为，在这些超大恒星生命的尾声阶段，大到无与伦比的质量会导致其发生坍缩，并且最终变成一个黑洞。

按照天文学家目前的理解和认知，在太阳寿命接近尾声之际，它应该无法变成一个黑洞，而是会不断坍缩。对于太阳这样质量较小的恒星来说，它们的最外层会逐渐消失。在燃料耗尽的情况下，核聚变反应已经无法继续发生，该恒星也因此而演变成为一个发光球体，我们将其称为白矮星。核聚变反应指的是两个或者多个原子核之间相互结合，最终形成一个较重元素的原子核的过程。核聚变反应所释放出来的能量，成为恒星的能量来源。

科学家们估计，在大约50亿年之后，太阳将会坍缩成为一颗白矮星；最终，该白矮星的核心将会完全停止产生能量，届时它将会变成一颗黑矮星。

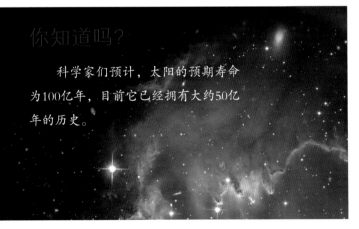

你知道吗？

科学家们预计，太阳的预期寿命为100亿年，目前它已经拥有大约50亿年的历史。

太阳是太阳系中质量最大的天体。然而天文学家们坚信，太阳的质量依然不够大，因此在其寿命的尽头，它无法转变成为一个黑洞。

太阳恐怕永远都不可能转变成为一个黑洞，因为它的质量实在是太小了。

在距离地球5000光年处，有一颗行将"油尽灯枯"的恒星，其周围环绕着一圈被加热到3万摄氏度的高温气体。在燃料彻底耗尽之后，该恒星将坍缩并最终变成一颗白矮星。

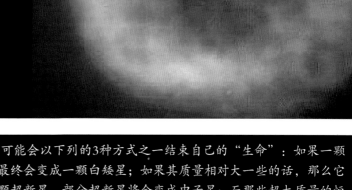

科学家们认为，一颗恒星有可能会以下列的3种方式之一结束自己的"生命"：如果一颗恒星的质量相对比较小，那么它最终会变成一颗白矮星；如果其质量相对大一些的话，那么它会在一次剧烈的爆炸之后变成一颗超新星，部分超新星将会变成中子星；而那些超大质量的恒星，则将会变成黑洞。

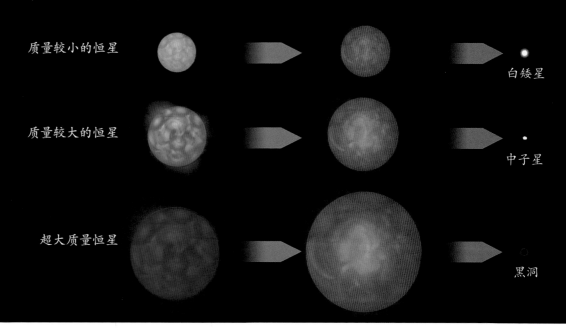

质量较小的恒星　　　　　　　　　　　　　　　　　　　白矮星

质量较大的恒星　　　　　　　　　　　　　　　　　　　中子星

超大质量恒星　　　　　　　　　　　　　　　　　　　　黑洞

关注 红移

我们在浩瀚宇宙中所观测到的绝大多数光，都带有红移的特征，具体来说，它们在光谱中都呈现出了向波长更长、更加偏红方向移动的现象。红移出现的最主要原因有两个。首先，当一个天体正在以极快的速度远离地球而去的时候，多普勒效应导致其发出光的波长被拉长，在可见光波段，表现为光谱的谱线朝红端移动，这种效应被称为多普勒红移。在日常生活中，人们能够感知火车鸣笛时所伴随发生的多普勒效应：当火车接近你时，汽笛的音调听起来似乎更高；而当火车在你身旁呼啸而过之后，汽笛的音调就会变得低下来。实际上我们都知道，火车的汽笛音调是保持不变的，而多普勒效应则改变了它的波长。至于红移的另外一个成因，则是宇宙本身的不断膨胀，这种效应被科学家称为宇宙学红移。

当天文学家讨论红移时，他们通常指的是宇宙学红移而不是多普勒红移。科学家们坚信一点，那就是自从138亿年前的大爆炸发生之后，宇宙已经从一个单一的"点"膨胀到现如今这一"浩瀚无垠"的程度。随着宇宙的膨胀，它"拖拽"着光穿过太空，这一效应酷似一根弹簧被施加在其末端的外力拉伸而变长的情形。光传播的距离越远，宇宙学红移的迹象就越明显。来自于最遥远星系的光总是能够呈现出更加明显的红移，因为它们被 拉伸的程度最大，以至于当被人类科学家观测到的时候，这些光甚至呈现出相当程度的红外线、无线电波的特征。通过测量红移的程度，天文学家便能够计算出发射该光的遥远星系与地球之间的距离。

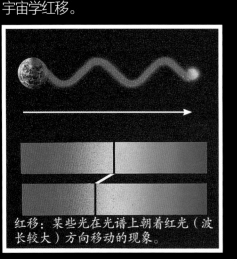

红移：某些光在光谱上朝着红光（波长较大）方向移动的现象。

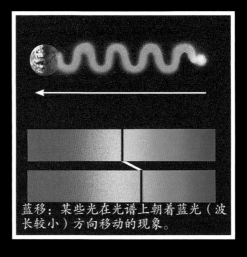

蓝移：某些光在光谱上朝着蓝光（波长较小）方向移动的现象。

▲ 相对而言，红移比蓝移更加普遍，也更容易被天文学家所观测到。这是因为，宇宙中的绝大多数天体都在朝着远离地球的方向移动，而不是朝着靠近地球的方向移动。

▶ 这是一张合成图片，它是由哈勃空间望远镜，以及夏威夷莫纳克亚山上的两个凯克天文望远镜所拍摄到的照片合成的。在本图中，形成于130亿年前的星系正在发光。值得关注的是，这些星系中距离地球最远区域所发出的光，让地球上的科学家们观测到了有史以来最大程度的红移现象。

光

光

光

距离我们所处的银河系无比遥远的那些天体正在离我们远去。科学家们发现，在宇宙学红移的作用下，那些天体所发出的光在光谱上都向着波长较长、较红的一端移动。换句话说，宇宙不断膨胀的过程，对这些天体所发出的光产生了拉伸效应，它们的波长也因此而被拉长了。

中央之星

类星体（Quasar）一词是准恒星放射源
（Quasi-stellar Radio Source）的缩写。
准恒星的意思是类似于星体，从字面意思上
来看，准恒星通常类似于银河系中的恒星。
不过实际上，类星体与银河系之间的距离非
常遥远，在浩瀚无垠的宇宙中，它们甚至可
以说是人类所能观测到的最远的天体。

天文学家坚信，每一个类星体都是由
一个巨大的黑洞来提供能量的，这个黑洞
通过吞噬周围星系的气体云而产生能量。
在宇宙中，类星体释放出来的能量比其他
任何天体都要更多，某些类星体的亮度甚
至可以达到太阳的1万亿倍，这实在是令人
惊讶。类星体能够释放出多种形式的能
量：首先是可见光，此外它也能释放出很
多无法为人类肉眼所看到的能量类型，这
其中包括无线电波、红外线、紫外线、X
射线、伽马射线等电磁辐射形式。类星体还
能释放出带有正电荷（通常为质子）、负电
荷（通常为电子）的喷流，这些喷流的运
动速度极为迅捷。

科学家们已经发现，类星体是宇宙中运
动速度最快的天体，它们与其附近的星系正
在以令人震惊的高速离我们远去。根据某些
科学家的估计，类星体的运动速度能够达到
每秒钟4.8万公里。

在钱德拉X射线天文台所拍摄到这张照片
中，类星体PKS 0637-752呈现出来的是它60亿年
前的情形。虽然该类星体所覆盖的面积比太阳系
更小，然而有相当于10万亿个太阳在为它提供能
量，因此其亮度非常高。天文学家们认为，为该
类星体提供能源的应该是一个超大质量黑洞。

你知道吗？

类星体拥有磅礴的能量，即便是
放在整个星系当中，它依然光芒万丈。

类星体是一类亮度非常高的天体，它们往往存在于那些距离地球无比遥远的星系的中心位置。

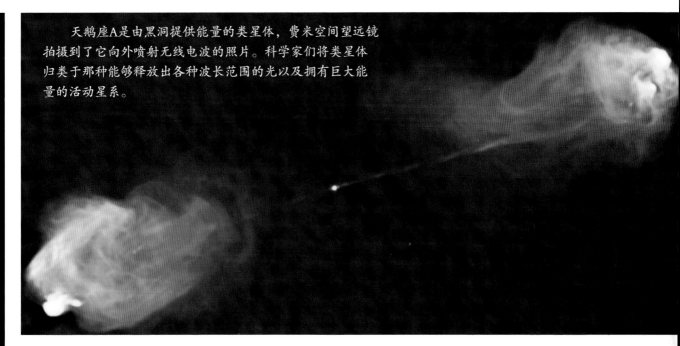

天鹅座A是由黑洞提供能量的类星体，费米空间望远镜拍摄到了它向外喷射无线电波的照片。科学家们将类星体归类于那种能够释放出各种波长范围的光以及拥有巨大能量的活动星系。

这是一幅由艺术家创作的插图，图中类星体将尘埃粒子猛烈地喷出。某些天文学家坚信，早期宇宙中的类星体产生出了那些后来形成恒星所必需的尘埃粒子、矿物微粒。

黑洞为类星体提供能量

绝大多数围绕黑洞旋转的气体，最终都在黑洞强大引力场的作用下被吸入其中；与此同时，黑洞还会以极高的速度向外释放出某些气体。科学家们已经发现了"黑洞释放出高能粒子、光"与"类星体的存在"之间的联系。在靠近黑洞中心的位置上，两股能量极高的物质喷流向外喷射，其覆盖范围甚至能够达到数百万光年。

科学家们认为，类星体是在黑洞附近形成的，而黑洞的质量大约是太阳质量的100万倍到10亿倍。类星体之所以拥有惊人的亮度，正是因为它们拥有黑洞这个质量超级巨大的能量源来提供能量。

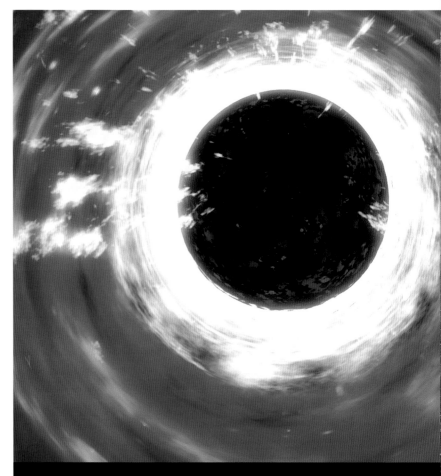

如这张由艺术家所创作的插图所示，物质以旋涡式的运动方式被黑洞吞噬，同时黑洞会释放出巨大的能量。

你知道吗？

迄今为止，科学家们所发现的最大黑洞，其质量能够达到太阳的140亿倍。

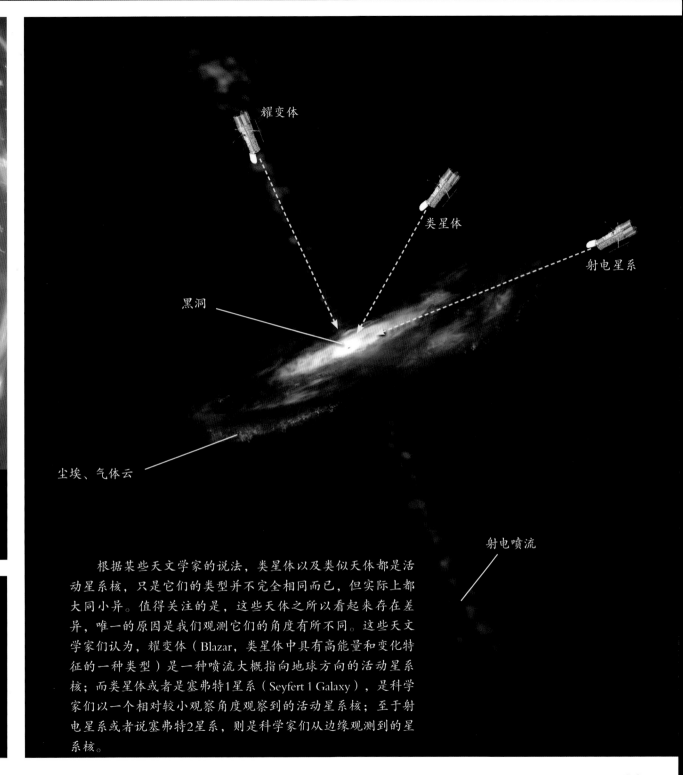

耀变体

类星体

射电星系

黑洞

尘埃、气体云

射电喷流

　　根据某些天文学家的说法，类星体以及类似天体都是活动星系核，只是它们的类型并不完全相同而已，但实际上都大同小异。值得关注的是，这些天体之所以看起来存在差异，唯一的原因是我们观测它们的角度有所不同。这些天文学家们认为，耀变体（Blazar，类星体中具有高能量和变化特征的一种类型）是一种喷流大概指向地球方向的活动星系核；而类星体或者是塞弗特1星系（Seyfert 1 Galaxy），是科学家们以一个相对较小观察角度观察到的活动星系核；至于射电星系或者说塞弗特2星系，则是科学家们从边缘观测到的星系核。

类星体距离地球有多远？

早期宇宙

宇宙中天体之间的距离是如此遥远，以至于常用的距离、长度单位都无法应用在该领域中。天文学家常用于计算宇宙中广袤距离的计量单位是光年，它指的是光在1年时间里沿直线传播的距离。1光年约等于9.46万亿公里。

绝大多数人都认为，138亿年前的大爆炸开启了宇宙的膨胀过程；而很多科学家认为，类星体大约是在130亿年之前（即大爆炸发生之后的大约8亿年）开始形成的。来自于已知距离地球最为遥远的类星体（被称为 PC 1247+3406）所发出的光，在抵达地球之前已经在宇宙中传播了约130亿光年的距离。这就意味着，我们在地球上接收到的光，是类星体PC 1247+3406在约130亿年前发射出来的；换句话说，我们现在所看到的该类星体的形貌，是它大约130亿年前的样子。迄今为止，人类所发现的、距离地球最近的类星体被命名为3C 273，根据天文学家的估计，该天体与地球之间的距离约为15亿光年。

如果在银河系内的任何一个位置上存在类星体的话，那么任何生物都根本不可能在地球上生存。类星体的亮度比整个银河系都要亮数千倍，同时它还能释放出巨大的能量。哪怕是在距离地球10光年的位置上，类星体也能轻松毁灭已知的所有生命。

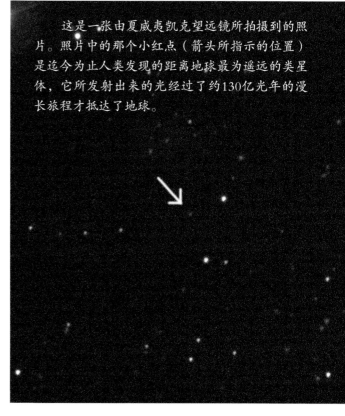

这是一张由夏威夷凯克望远镜所拍摄到的照片。照片中的那个小红点（箭头所指示的位置）是迄今为止人类发现的距离地球最为遥远的类星体，它所发射出来的光经过了约130亿光年的漫长旅程才抵达了地球。

科学家们普遍认为，类星体星系的活跃中心，往往都是由一个超级黑洞来提供能量的。

42

类星体距离地球是如此遥远，以至于这一类天体所发出来的光要经过数十亿年才能到达地球。

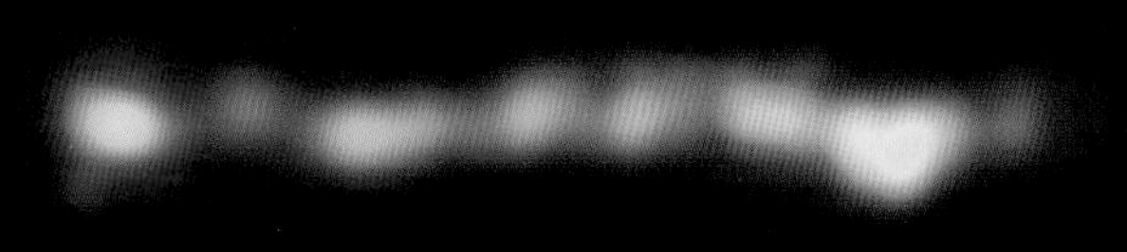

1963年，科学家们发现了第一个类星体，它释放出长度达到10万光年的高能粒子喷流，其喷流的长度就已经等于整个银河系的宽度了。这张照片是由多台太空望远镜所拍摄的照片制成的合成图，图中的各种颜色代表了不同形式、波长、能量级别的光。其中，蓝色代表钱德拉X射线天文台观测到的X射线，黄色代表斯皮策空间望远镜所观测到的红外线，而绿色则代表哈勃空间望远镜所观测到的可见光。

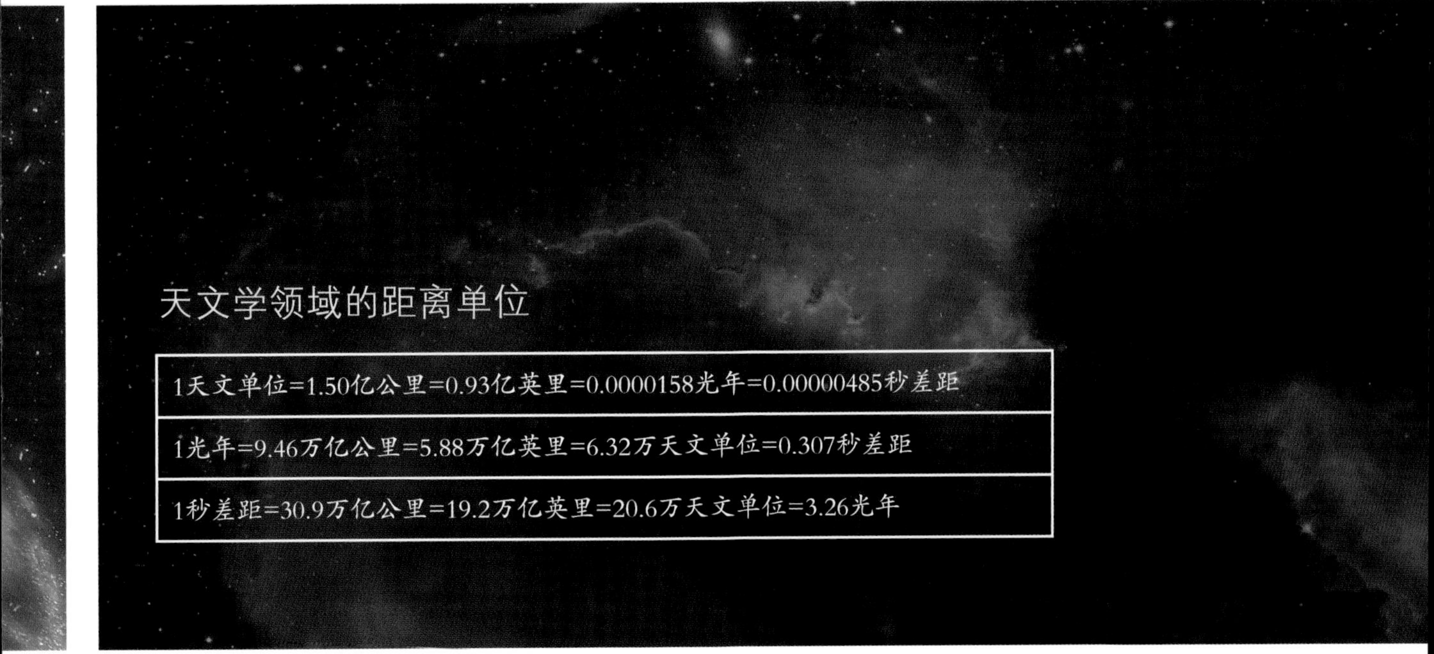

天文学领域的距离单位

1天文单位=1.50亿公里=0.93亿英里=0.0000158光年=0.00000485秒差距

1光年=9.46万亿公里=5.88万亿英里=6.32万天文单位=0.307秒差距

1秒差距=30.9万亿公里=19.2万亿英里=20.6万天文单位=3.26光年

体积不大，但威力十足

由于类星体的距离实在过于遥远，因此我们很难观测、研究类星体。即便如此，科学家们依然认定，绝大多数类星体的体积并不会比太阳系大很多。太阳系的半径大约为50个天文单位（Astronomical Unit，缩写为AU，1天文单位指的是地球与太阳之间的平均距离，大约1.5亿公里）。与星系的常规尺寸相比，类星体的体积"紧凑"得令人难以置信。

虽然类星体的体积不算大，然而与宇宙中的其他天体相比，它们却拥有相当惊人的质量，其质量可以达到几十亿个太阳那么大。通常来说，一个天体的质量越大其引力场就越强，因此在类星体所占据的空间内，其引力场极为强大。

一束高能粒子从一个类星体星系中喷射而出，其覆盖范围达到了大约100万光年，这个大小已经达到了该类星体本身的数千倍。在钱德拉X射线天文台所拍摄到的照片中，该类星体依然隐藏在明亮的星系中央位置。

你知道吗？

钱德拉X射线天文台是美国国家航空航天局（NASA）的"大型轨道天文台计划"成员之一。除了钱德拉X射线天文台之外，"大型轨道天文台计划"成员还包括康普顿伽马射线天文台、哈勃空间望远镜以及斯皮策空间望远镜。

我们很难得到类星体的确切体积，不过可以肯定的是，这一类天体可能不会比太阳系更大。

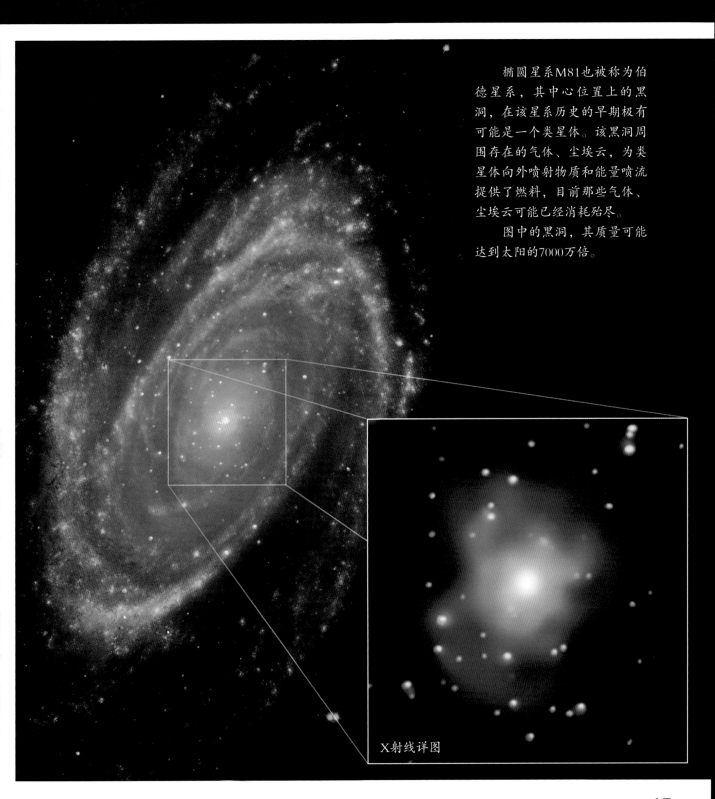

椭圆星系M81也被称为伯德星系，其中心位置上的黑洞，在该星系历史的早期极有可能是一个类星体。该黑洞周围存在的气体、尘埃云，为类星体向外喷射物质和能量喷流提供了燃料，目前那些气体、尘埃云可能已经消耗殆尽。

图中的黑洞，其质量可能达到太阳的7000万倍。

X射线详图

类星体是如何产生的？

某一星系的心脏

近年来，科学家在哈勃空间望远镜的帮助下发现，类星体通常存在于某个曾经与其他星系发生碰撞的星系当中。当然，在某些没有与其他星系发生剧烈相互作用迹象的星系里，科学家同样发现了类星体的存在。这些看起来相互矛盾的发现，使"类星体究竟是如何产生的"这一问题变得越发复杂起来。

很多科学家都认为，很久以前、当宇宙还非常"年轻"的时候，类星体的数目要比现在更多。持这一观点的天文学家认为，类星体最早出现于大约130亿年前（即大爆炸发生、宇宙开始膨胀的大约8亿年之后）。

很久以前，类星体要比现在更为常见，因为当时的宇宙中能够给这一类天体提供能量的尘埃、气体要比现在更多。不过，随着时间的延续，大量的尘埃、气体都转变成了恒星、行星以及其他类型的天体，这一过程直接导致类星体所能得到的能量越来越少，因此它们的活跃度也相应降低。

你知道吗？

类星体所释放出来的巨大能量，使天文学家们能够对这一类距离地球异常遥远的天体进行观察和研究。

星系之间的碰撞（比如赛弗特六重星系所发生的碰撞）有可能会导致星系中心的超大质量黑洞发生合并，其结果是形成一个更大的黑洞。

科学家们坚信，当两个星系之间相互距离过近，以至于它们以一种剧烈的方式相互作用甚至是发生碰撞的时候，类星体就有可能会出现了。

这是某位艺术家创作的插图，星系中心高速释放出一股能够产生X射线的高温气体云，我们通常将其称为超级风。通常情况下，当星系发生碰撞并将气体推向星系中心的黑洞时，就可能会产生这种超级风。随着时间的推移，超级风驱散了气体，也正是由于这个原因，可供黑洞成长的"燃料"大大减少了。

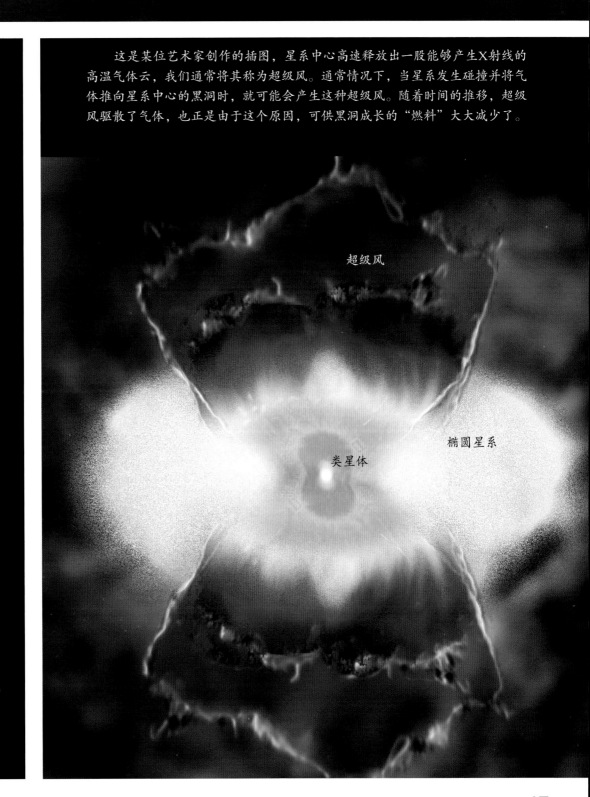

超级风

椭圆星系

类星体

人类是何时、如何第一次发现类星体的？

远距离无线电波

20世纪60年代初，科学家们已经在太空中监测到了无线电波，然而当时的科技水平依然无法确定那些电波的具体来源。起初科学家们认为，当时他们的研究对象是一种非常奇怪的行星。1962年，一位名叫西里尔·哈扎德的英国天文学家意外地发现，一颗非常特别的"恒星"既能发射出无线电波也能放射出可见光，而这种可见光与其他恒星所发出的可见光截然不同。1年以后的1963年，出生于荷兰的美国天文学家马亚尔滕·施密特确定，那种特别的可见光来自于我们所在的银河系以外的恒星，这些恒星与地球之间的距离要比银河系内恒星与地球之间的距离遥远得多，其亮度也要比银河系内的恒星亮得多。在那之后，天文学家们终于意识到了一点，那就是他们发现了一些新东西。终于，第一个类星体被发现了，自那之后，天文学家们又先后发现了数以千计的这一类天体。

类星体之所以让科学家们感到迷惑不解，最重要的原因之一，是这一类天体所释放出来的射线呈现出极为明显的红移现象。所谓红移，指的是电磁辐射由于某种原因波长增加的现象，在可见光波段，表现为光谱的谱线朝红端移动了一段距离，即波长变长、频率降低。当科学家监测到宇宙中某一天体所发出的电磁辐射时，红移的程度能够反映出该天体移动的速度以及它距离地球的远近。而类星体所发出的电磁辐射红移程度反映出，这一类天体距离地球都非常遥远，同时它们正在以极快的速度远离我们而去。

类星体能够向太空发射神秘的无线电波。起初，科学家们是运用一台射电望远镜（类似于位于澳大利亚纳拉布赖附近的澳大利亚望远镜紧凑型阵列）最先发现并确认的这一点。

在经过了长达多年的观察和科学分析之后，人类在20世纪60年代早期首次发现了类星体的存在。

在一张名为哈勃深场的早期宇宙图像中，很多星系极有可能都是类星体。科学家们坚信，在遥远的过去，类星体要比现在更多、更为常见。

可见光是光谱中能够被人类肉眼所看到的一类光，它们只是光谱中的一部分。在浩瀚的宇宙当中，存在很多距离地球异常遥远且正在以极快的速度远离我们而去的天体，这一类天体所释放出来的光，在光谱上会朝着波长更长、更红的一端移动。

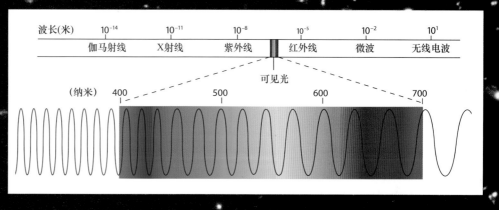

类星体的图像资料（比方说，来自于加利福尼亚州威尔逊山天文台的这些资料），能够帮助天文学家收集、研究有关于早期宇宙的线索。

3C 48

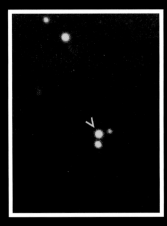
3C 147

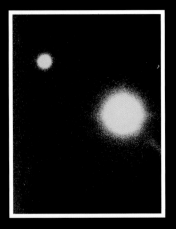
3C 273

3C 196

为了探索早期宇宙的奥秘

所有来自于类星体的光都产生于上百亿年以前，因此通过研究类星体，科学家们就能够探索宇宙早期历史的奥秘。更加重要的是，这一研究能够使我们更加了解宇宙的整个演化过程。

此外，类星体距离地球是如此遥远，同时这一类天体的亮度是如此之高，以至于它们就像是一个"闪光灯"或者是"手电筒"，能够照亮地球与它们之间的一切。因此，研究类星体，也有助于科学家们研究宇宙中随处可见的尘埃、气体以及更大的天体。

科学家们坚信，类星体的中心应该存在着一个黑洞。不过，天文学家也清楚地知道，宇宙中存在着大量的黑洞，即便是在银河系内，黑洞也不在少数。那么既然有如此之多的黑洞距离地球很近，为何类星体距离地球却是如此遥远呢？这个问题，让科学家们迫切地希望搞清楚类星体的内部、中心到底正在发生着什么。

类星体向太空喷射能量，并非总是以一种连续、平稳的方式进行。这是一张由钱德拉X射线天文台所拍摄到的照片，画面中类星体3C 273非常突然地向宇宙空间喷射出了一股喷流。

对于类星体的研究，能够给科学家们提供有关于宇宙早期历史的全新
信息。

你知道吗？

一个科学家团队得出的计算结果显示，黑洞能够容纳的最大质量相当于500亿个太阳。

为何斯蒂芬·霍金在黑洞研究领域拥有如此重要的地位？

斯蒂芬·霍金堪称是一位"黑洞学者"

斯蒂芬·霍金是一位英国科学家，在绝大多数人心目中，他是自阿尔伯特·爱因斯坦之后，物理学领域内最为伟大的人物之一。在人类探索宇宙起源的过程中，斯蒂芬·霍金做出了重大的贡献，他改变了很多科学家对于空间的看法和认知。终其一生，斯蒂芬·霍金一直都在致力于研究黑洞以及宇宙中其他一些奇怪的特征，此外他还一直努力尝试以一种深入浅出的方式来向外界传递、交流自己对于宇宙的认识，以便让公众能够理解这些通常意义上无比复杂、深奥的理念。

斯蒂芬·霍金患有肌萎缩性侧索硬化症，这是一种无法被彻底治愈的神经系统疾病。斯蒂芬·霍金不能说话，并且只能自主控制面部、手部有限的几块肌肉，尽管如此，他依然在一辆装有电脑语音模拟器的轮椅的帮助下，持之以恒地顽强工作和生活。

在过去100年的时间里，斯蒂芬·霍金被世人认为是最为伟大的物理学家之一。而在黑洞领域所取得的研究成果，则已经成为了斯蒂芬·霍金最为伟大的成就。

斯蒂芬·霍金或许比其他任何一位科学家都更加深入地研究、探索了黑洞的奥秘。

由钱德拉X射线天文台、哈勃空间望远镜所拍摄到照片所制成的这张合成图像，捕捉到了NGC 6240星系中两个超大质量黑洞合并的过程。

黑洞的寿命有多长?

黑洞非常"长寿"

在之前几十年的时间里，绝大多数科学家都坚定地认为，由于没有任何物质能够逃脱其强大无比的引力场，因此黑洞可以说是"万寿无疆"的。然而近年来，某些科学家却提出了一个全新的观点，那就是随着时间的延续，黑洞同样也会失去质量，最终它们会彻底蒸散。

物理学家阿尔伯特·爱因斯坦曾经预言称，当能量变成物质时，物质粒子和反物质粒子能够自发地出现。在其著名的方程式 $E=mc^2$ 中，爱因斯坦详尽描述了能量转化为物质的整个过程。在这一方程式中，E 代表的是能量，m 代表的是质量，而 c 则是光速。在物质粒子、反物质粒子自发出现之后，它们几乎在一瞬间就立即相互湮灭。而英国物理学家斯蒂芬·霍金则指出，如果物质粒子和反物质粒子出现在事件视界附近的话，那么它们当中的一个可能会逃逸，另外一个则会被"拽入"黑洞。按照斯蒂芬·霍金所提出的理论，正是那个被"拽入"事件视界的粒子，实际上会导致黑洞发生质量损失。如果一个黑洞得不到足够的其他常规气体、物质的补充的话，那么霍金辐射效应会导致其自身质量逐渐损耗，最终该黑洞甚至有可能会因此而彻底消失。

你知道吗?

当能量转化为物质时，物质颗粒就会自发地出现。物质颗粒的最终归宿是相互湮灭，在此之前，它们只能存在极短的时间。物质颗粒发生相互湮灭之后，它们将以伽马射线的形式重新成为能量。只有事件视界才能阻止物质颗粒的相互湮灭。

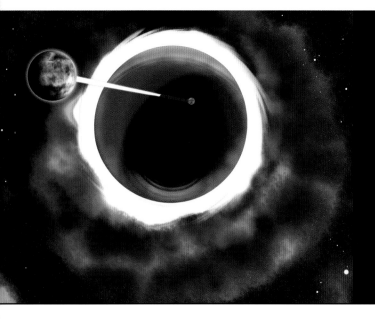

这是一张由艺术家创作的插图。图中，一个物质粒子成功逃离了黑洞，而它的反物质粒子则落入了事件视界。根据斯蒂芬·霍金提出的理论，应该会有一些粒子从黑洞的事件视界中辐射出来，这就是著名的霍金辐射。霍金辐射预言黑洞会缓慢蒸发直至彻底消散。

直到不久之前，科学家们依然认为黑洞可以"永垂不朽"。不过现如今，一些科学家们坚信一点，那就是黑洞的寿命是有限的。

根据"雨燕"伽马射线爆发探测项目所提供的数据，艺术家创作出了一幅插图。在黑洞诞生之后，发生了一系列令人难以想象的剧烈爆炸。

如果一个人被"拽"入黑洞，他会经历哪些"噩梦"？

形同梦魇

如果某个人能够进行一次黑洞之旅的话，那么他（或她）会被"拽向"黑洞的中心——实际上没有任何物质能够逃脱这一"宿命"，即便是光也不例外。当一个人朝着黑洞的事件视界区域坠落时，他（或她）的外形将会变得非常奇怪，因为其头部（或者是双脚）由于更加接近黑洞而受到更大作用的引力，而另外一端所受到的引力作用则相对偏小。最终，这个人接近黑洞的一端会被拉长，同时该部位也会距离身体的另外一端越来越远。简而言之，不同部位所受引力大小的差异会导致这个人的身体呈现出被牵拉的状态，他（或她）会变得越来越瘦、越来越长。科学家们将这种效应，称为意大利面条效应或者是细面条效应。

而在穿过事件视界之后，这个外形颇为怪异的人体便会被吸入到黑洞的奇点中去。一旦进入黑洞，这个人的身体就将会被强大的引力场撕成最为细微的物质颗粒。

根据阿尔伯特·爱因斯坦关于空间和时间的理论，即便是那个人能够以接近光速的速度进入到黑洞的奇点内部，在外部观察者看来，那个人所经历的时间依然会变得很慢。

或许在大多数人看来，进入黑洞应该是一个非常有趣的旅程，然而现实往往是非常残酷的：事实上，人类极有可能在到达事件视界之前便已经被黑洞强大无比的引力场撕成碎片了，更遑论进入奇点了。

掉进黑洞的人，会被其强大无比的引力场彻底撕碎，他将变成亚原子粒子。

掉进黑洞的人，在最终到达奇点之前，会被牵引、拉长，这种拉伸效应通常被称为意大利面条效应或者是细面条效应。

科学家们为什么要持之以恒地研究黑洞？

为了进一步地深入了解宇宙

与以往相比，无论是对于黑洞还是整个宇宙，现如今的科学家们都已经拥有了更多的理解和认知。然而即便如此，依然还有大量的信息需要广大科研工作者来收集、整理和理解。

举例来说，科学家们普遍认为，超大质量黑洞通过加热气体来控制星系中恒星的形成；与此同时，黑洞还在星系的形成过程中发挥出了某些关键的作用。此外，黑洞还为阿尔伯特·爱因斯坦的相对论理论提供了重要的证据。

黑洞是一种非常"极端"的天体，它创造了宇宙中那些最具能量的事件。更加重要的是，在事件视界范围内，传统的经典物理学定律可能会变得彻底无效。总而言之，研究黑洞这样一类极端的天体，或许将有助于人类进一步理解、认知那些支配我们所处的这个宇宙的基本规律。

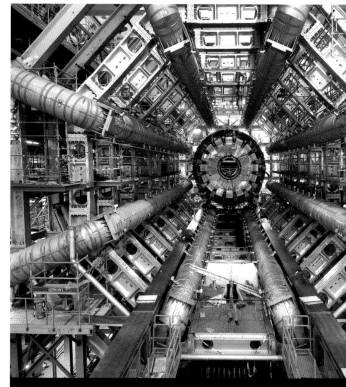

一些科学家推测，类似于大型强子对撞机这一类的粒子加速器，可以产生极为"弱小"的黑洞。然而科学家们普遍认为，就算他们真的以这样的一种方式"制造"出一个极为"弱小"的黑洞，其寿命也注定是非常短暂的，它几乎会立刻消失，并且不会对机器设备、工作人员构成威胁。

你知道吗？

大型强子对撞机是迄今为止世界上最大的单体机器设备。

对于黑洞进行的计算机模拟，有助于科学家理解这一类特殊天体的状态和特征。

什么是微型黑洞？

宇宙空间中的一个"小洞"

科学家们普遍认为，微型黑洞同样拥有非常大的质量，其质量堪比一座大山。与典型的恒星相比，微型黑洞的质量或许相对较小；然而我们必须清楚一点，那就是微型黑洞是一个微观层面上的概念，因此它能够拥有这个级别的质量，已经是非常不简单的了。

微型黑洞存在的事实，是英国物理学家斯蒂芬·霍金提出的众多理论之一。霍金认为，这些微小的结构（微型黑洞）几乎是在宇宙大爆炸发生之后立即形成的，而大爆炸则被广泛认为是宇宙膨胀过程的开始。在大爆炸发生前后，宇宙的温度高得令人难以置信，而霍金提出的理论认为，在那样极端的高温环境下，少量物质有可能会被压缩成为密度极大的点，而那些点则最终导致了微型黑洞的产生。在霍金辐射效应的作用下，那些质量偏低的微型黑洞或许已经全部蒸散殆尽。即便如此，天文学家依然希望他们有机会能够探测到较大质量微型黑洞蒸散过程所释放出的巨大能量爆发。

某些科学家们认为，微型黑洞在宇宙的某些地带可能是极为常见的，比方说，在我们所处的这个银河系的外边缘处，就很有可能存在着许多微型黑洞。

宇宙纪元

科学家们认为，138亿年之前发生的大爆炸最终形成了宇宙。包括斯蒂芬·霍金在内的一些科学家们都坚定地相信，微型黑洞极有可能是在大爆炸发生之后的最初几毫秒之内形成的，不过它们很快就蒸散了。

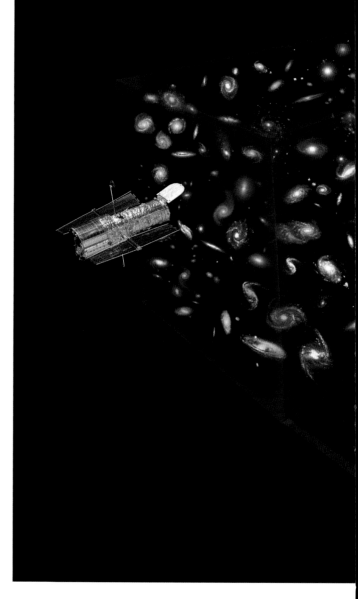

科学家们认为，很多星系内都可能存在微型黑洞，它们是大型黑洞的
微缩版。微型黑洞的体积，很可能只有一个原子那么大。

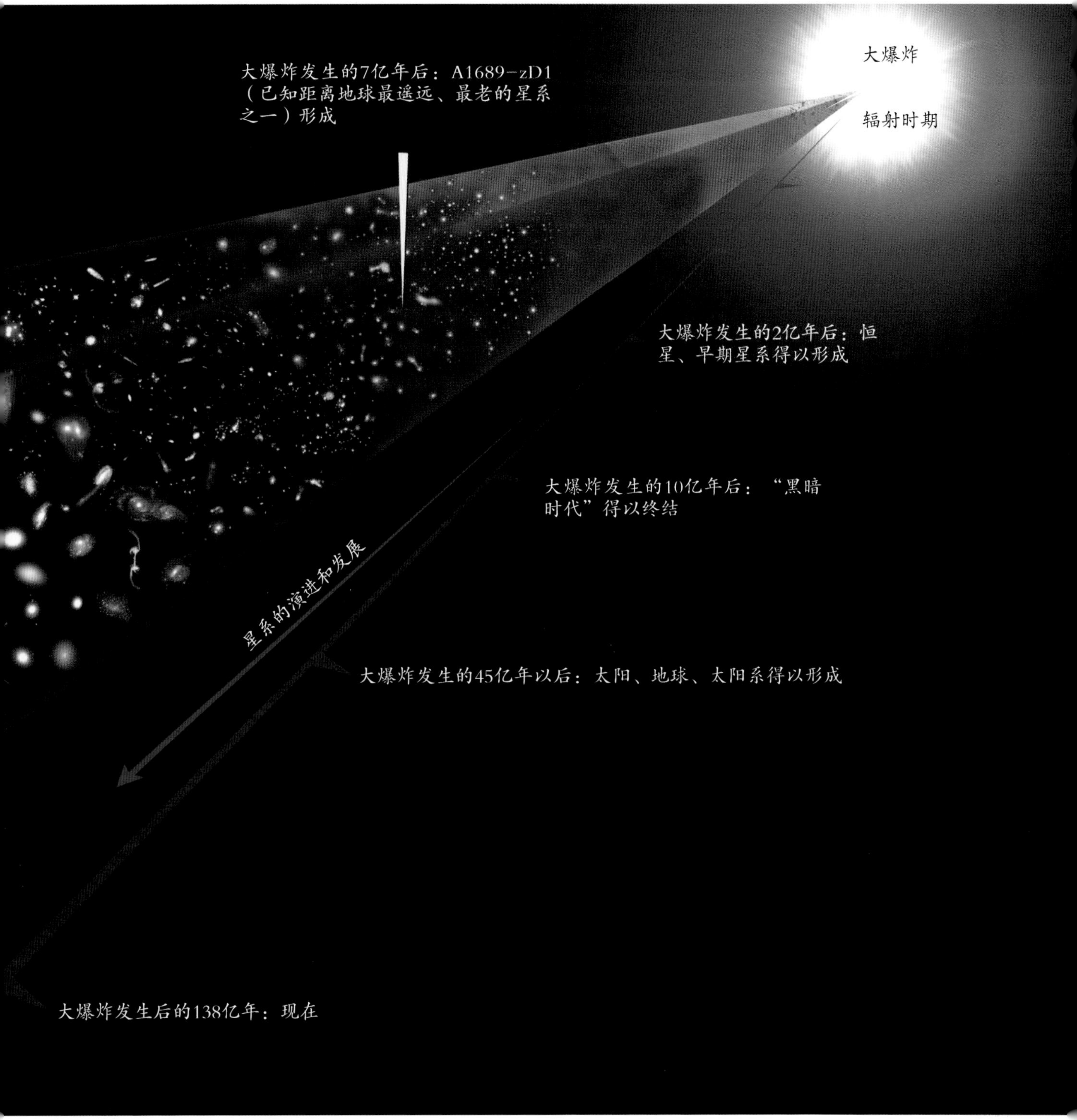

大爆炸发生的7亿年后：A1689-zD1
（已知距离地球最遥远、最老的星系
之一）形成

大爆炸

辐射时期

大爆炸发生的2亿年后：恒
星、早期星系得以形成

大爆炸发生的10亿年后："黑暗
时代"得以终结

星系的演进和发展

大爆炸发生的45亿年以后：太阳、地球、太阳系得以形成

大爆炸发生后的138亿年：现在

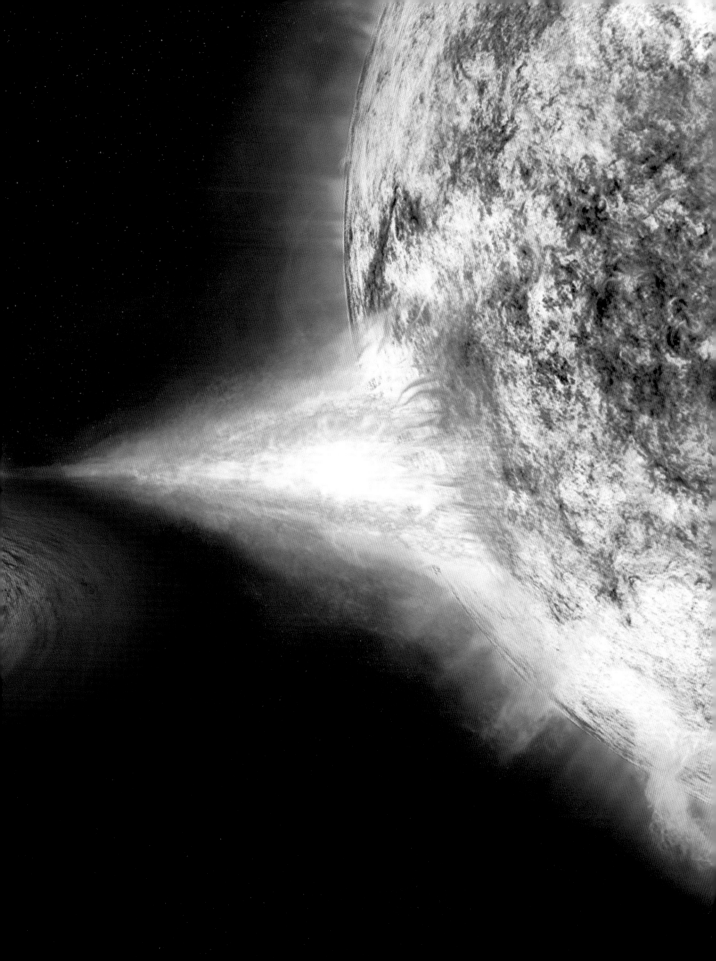

《璀璨的银河》

《黑洞及类星体》

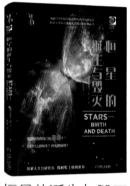

《恒星的诞生与毁灭》

《恒星的故事》

《漫游星系》

《神秘的宇宙》

《探寻系外行星》

《遥望宇宙：地面天文台》

《宇宙穿越之旅》

《宇宙瞭望者：空间天文台》